BEI GRIN MACHT SICH IHR WISSEN BEZAHLT

- Wir veröffentlichen Ihre Hausarbeit, Bachelor- und Masterarbeit

- Ihr eigenes eBook und Buch - weltweit in allen wichtigen Shops

- Verdienen Sie an jedem Verkauf

Jetzt bei www.GRIN.com hochladen und kostenlos publizieren

Bibliografische Information der Deutschen Nationalbibliothek:

Die Deutsche Bibliothek verzeichnet diese Publikation in der Deutschen National-
bibliografie; detaillierte bibliografische Daten sind im Internet über http://dnb.d-
nb.de/ abrufbar.

Impressum:

Copyright © 2015 GRIN Verlag, Open Publishing GmbH
Druck und Bindung: Books on Demand GmbH, Norderstedt Germany
ISBN: 978-3-668-12688-6

Dieses Buch bei GRIN:

http://www.grin.com/de/e-book/313643/die-kreativwirtschaft-als-standbein-der-
berliner-wirtschaft-entwicklung

Berkay Saral

Die Kreativwirtschaft als Standbein der Berliner Wirtschaft. Entwicklung und Bedeutung

GRIN Verlag

Ruhr-Universität Bochum
Geographisches Institut
Regionale Geographie
Seminar: Berlin-Brandenburg
SoSo 2015

Bochum, den 19.10.2015

Kreativwirtschaft als Standbein der Berliner Wirtschaft

Berkay Saral

Berkay Saral

Spanisch 6. Semester / Geographie 4. Semester

Inhaltsverzeichnis

1. <u>Einleitung</u>

Der vorliegende Bericht wird sich mit der Kreativwirtschaft in Berlin beschäftigen und untersuchen, ob diese als Standbein der Berliner Wirtschaft angesehen werden kann. Als neu wachsende Wirtschaftskraft schafft die Kreativwirtschaft neue Arbeitsplätze und ermöglicht den Menschen sich in ihrer beruflichen Karriere zu entfalten. Immer mehr Menschen fassen den Mut und lassen sich von ihrer Idee inspirieren, sodass die Kultur- und Kreativwirtschaft zu einer etablierten Wirtschaftsbranche entstanden ist. Die Branche hat für die Volkswirtschaft eine grundlegende Bedeutung und ist ein wichtiger Wirtschaftsfaktor mit hohem Zukunftspotential.

Ziel der Arbeit ist es, zu ermitteln, wie sich die Kreativwirtschaft als eigenständige Branche entwickelt hat und welchen Zusammenhang die kreative Ökonomie für die Stadtentwicklung hat. Der Aufbau des Berichts ergibt sich wie folgt:

Zunächst wird die wirtschaftliche Entwicklung der Kreativwirtschaft erfasst und dargestellt, wie sich diese Branche in der heutigen Zeit etabliert hat. Des Weiteren wird eine Begriffsdefinition der Kreativwirtschaft gegeben und erläutert was man unter Kreativität im Allgemeinen versteht. Hierbei werden die Formen und Branchen der Kreativwirtschaft aufgelistet. In dieser Arbeit wird es im Speziellen um die Stadt Berlin gehen, die als wichtiger Vertreter der Kreativwirtschaft anerkannt wird und einer der größten Wirtschaftskräfte dieser Branche weltweit ist.

Des Weiteren wird der Zusammenhang zwischen Kreativwirtschaft und Stadtentwicklung beschrieben. Hierzu wird auf den Theoretiker Richard Florida zurückgegriffen, der sich mit der Frage beschäftigt, ob Kreativität heute höher geschätzt wird und warum sie einen immer höheren Stellenwert im heutigen gesellschaftlichen Leben hat (Fossati et al. 2008: 15).

Infolgedessen wird auf die Kreativwirtschaft in Berlin eingegangen und dargestellt, wie sich diese in den letzten Jahren entwickelt hat und welche Bedeutung die kreative Ökonomie für die Hauptstadt heute hat.

Im Hinblick dazu werden die einzelnen Teilmärkte der Kreativwirtschaft definiert, die aus elf Branchen bestehen. In diesem Bericht werden jedoch nur die Teilmärkte des Buch- und Pressemarkts und der Musikwirtschaft erläutert, die dem Leser eine Übersicht darüber geben sollen, welche künstlerische Qualität und kulturelle Vielfalt die Kreativwirtschaft den Menschen bietet. Zusammenfassend wird der Standort Berlin evaluiert und in einem Fazit aufgezeigt, ob die Kreativwirtschaft als Standbein der Berliner Wirtschaft angesehen werden kann.

2. Begriffsdefinition

Vor etwa 200 Jahren wandelte sich die landwirtschaftlich geprägte Gesellschaft Europas zur Industriegesellschaft. Mit der Wandlung verloren viele Bauern und Handwerker an Bedeutung, sodass in den Städten große Fabriken entstanden, die für einen enormen Wohlstandszuwachs der gesamten Bevölkerung sorgten (Kröhnert et al. 2007: 5).

Heute wird von einer weiteren neuen Wirtschaftskraft gesprochen, der Kreativwirtschaft. Kreativität wird als grundlegende Eigenschaft aller Lebewesen bezeichnet, die aufgrund ihres Talents das Neue spielerisch gestalten (Holm-Hadulla 2005: 9). Somit sind die gestaltenden Menschen die Basis der Kultur- und Kreativwirtschaft. Entscheidend für die Kreativwirtschaft ist es, dass erworbene Wissen in Geschäftsideen umzusetzen, um an ihr Gebrauch zu machen (Kröhnert et al. 2007: 5). Durch den rasanten Aufstieg wird in der kreativen Ökonomie eine wachsende eigenständige Branche der Kultur- und Kreativwirtschaft entdeckt. Demnach ist nach dem Forschungsgutachten für das Bundesministerium für Wirtschaft und Technologie die Branche wie folgt definiert worden:

„Unter Kultur- und Kreativwirtschaft werden diejenigen Kultur- und Kreativunternehmen erfasst, welche überwiegend erwerbswirtschaftlich orientiert sind und sich mit der Schaffung, Produktion, Verteilung und/ oder medialen Verbreitung von kulturellen/kreativen Gütern und Dienstleistungen befassen" (Söndermann et al. 2009: 5).

Des Weiteren gliedert sich das Drei-Sektoren-Modell nach Weckerle und Söndermann in einen öffentlichen Sektor, der staatliche Einrichtungen beinhaltet, in einen intermediären Sektor, der die privaten, nichtkommerziellen Organisationen einschließt und in einen privatwirtschaftlichen Sektor, der die überwiegend gewinnorientierten Kreativunternehmen umfasst. Demnach bilden die drei Teilsektoren ein dichtes Beziehungsgeflecht. Entscheidend ist, dass die Grenzen zwischen den Sektoren durchlässig sind und somit die Möglichkeit besteht, in mehreren Sektoren gleichzeitig zu agieren und zwischen diesen zu wechseln (Kultur- und Kreativwirtschaftsindex Berlin-Brandenburg 2013: 5).

Zur Kultur- und Kreativwirtschaft werden elf Teilmärkte bzw. Branchen gezählt. Die Teilmärkte Musikwirtschaft, Buchmarkt, Kunstmarkt, Filmwirtschaft, Rundfunkwirtschaft, Darstellende Kunst, Designwirtschaft, Architekturmarkt und Pressemarkt werden unter dem

Begriff "Kultur- und Kreativwirtschaft" zusammengefasst (Zierold 2012: 8). Im Hinblick darauf können Kultur- und Kreativwirtschaft voneinander getrennt definiert werden. Unter Kulturwirtschaft werden die Branchen der Musik- und Theaterwirtschaft, des Verlagswesen, des Kunstmarktes, der Film- sowie Rundfunkwirtschaft, des Architekturwesens und der Designwirtschaft verstanden, wobei unter Kreativwirtschaft die Werbung sowie die Bereiche der Software- und Spieleentwicklung zusammengefasst werden.

Zudem wird betont, dass die neu wachsende Wirtschaftskraft wissensbasiert ist und dass die Umstrukturierungen der Ökonomie in Richtung einer Wissensgesellschaft durch Faktoren wie Kultur, Wissen und Kreativität bedingt sind (Zierold 2012: 8).

3. Kreativwirtschaft und Stadtentwicklung

In der heutigen Zeit rückt der Zusammenhang zwischen Kultur und Stadtentwicklung immer mehr in den Vordergrund. Um den Übergang zur Wissensgesellschaft zu gewährleisten, muss der Zusammenfall innerstädtischer Industrien kompensiert werden (Mundelius 2006: 20). Die Wichtigkeit der kulturellen Perspektive in der kreativen Stadt gewinnt in der Stadtentwicklung immer mehr an Bedeutung, sodass sich die unterschiedlichen ethnischen Gruppen einen Raum schufen, wo sie ihre kreativen Ideen, umsetzen konnten (Mundelius 2006: 20). Sowohl die Gesellschaft als auch die Wirtschaft sind auf diese kreativen Ideen angewiesen. Peter Coy führt den Begriff „Creative Economy" ein und definiert diesen wie folgt: *"In the Creative Economy, the most important intellectual property isn't software or music or movies. It's the stuff inside employees' heads"* (Coy 2000).

Ein weiterer Theoretiker, der sich mit der Entwicklung der Kreativwirtschaft beschäftigt ist Richard Florida. Laut Florida hat sich das Zeitalter so verändert, dass Kreativität als zentraler Produktionsfaktor dominiert und die industriellen Formen ablöst (Zierold 2012: 9). Daher bezeichnet Florida das neue Zeitalter als das Zeitalter der Kreativität.

Richard Florida stellt sich die Frage, warum die Kreativität einen immer höheren Stellenwert im heutigen gesellschaftlichen Leben hat. Hierzu entwickelte er die Theorie des Aufstiegs einer neuen sozialen Klasse. Diese neu aufsteigende Klasse bezeichnet Florida als „kreative Klasse." Ziel dieser Klasse ist es, soziale und kulturelle Entscheidungen zu bestimmen und die Werte der gesamten Gesellschaft zu beeinflussen (Fossati et al. 2008: 15).

Des Weiteren entwickelt Florida in seinem Buch *"The Rise of the Creative Class"* eine Theorie, die die wirtschaftliche Entwicklung in „3 T's" wiedergibt: Technologie, Talente und

Toleranz. Für die ökonomische Wettbewerbsfähigkeit sind weder die natürlichen Ressourcen noch die Lohnkostenvorteile entscheidend.

Der Fokus wird hierbei auf die kreativen Fähigkeiten des Menschen gelegt, sodass vielmehr der Mensch im Mittelpunkt des Wettbewerbs steht (Florida et al. 2006: 22).

Zudem ziehen Kreative nicht in die Städte, in denen die Arbeitsnachfrage höher ist, sondern sie ziehen in die Städte, in denen sie sich wohler fühlen. Diese Städte bieten ihnen ein offenes und tolerantes Klima und stellen den Kreativen eine entsprechende Umwelt bereit, in denen sie ihre Kreativität und Produktivität frei entfalten können (Manske 2008: 18).

Darüber hinaus ist zu betonen, dass im industriellen Zeitalter harte Standortfaktoren eine wesentliche Rolle spielten, während in der wissensbasierten Dienstleistungsgesellschaft weiche Standortfaktoren an Bedeutung gewinnen. Dies wiederum hat zur Folge, dass die Kultur- und Kreativwirtschaft in den Fokus der Stadtentwicklung rückt (Zierold 2012: 10).

4. Kreativwirtschaft in Berlin

4.1 Entwicklung der KW in Berlin

Seit der Wiedervereinigung hat sich Berlin zu einem der wichtigsten und bedeutendsten europäischen Standorte in der Kultur- und Kreativwirtschaft entwickelt. Besonders durch die jährlichen Umsätze der einzelnen Teilmärkte in Berlin stellt die Kreativwirtschaft eine entscheidende Rolle für die gesamte Wirtschaftskraft dar. Unter Berücksichtigung der zunehmenden Bedeutung von Wissen und Kreativität für das Wachstum hochentwickelter Volkswirtschaften rücken diese Branchen zunehmend in das Interesse der Wirtschaftspolitik (Geppert & Mundelius 2007: 485). Berlin wird sowohl national als auch international als kreative Stadt und Kulturmetropole wahrgenommen. Von Berlin geht eine starke Anziehungskraft aus, die Künstler und Kreative aus diversen Ländern inspiriert. Dadurch wächst das kulturelle Angebot, es wird attraktiver und bunter. Die deutsche Hauptstadt hat sich auch zu einer weltoffenen, toleranten und kulturell vielfältigen Metropole entwickelt und musste daher einen tiefgreifenden Strukturwandel erleben (Zimmermann et al. 2009: 67).

Nach Lange (2007: 309) ist Berlin rohstoffarm und fern der Küste gelegen und weist keine prägenden Industrie- und Wirtschaftspotenziale außer innovativen Menschen auf. Des Weiteren betont er, dass Berlin aufgrund seines wissensbasierten und zugleich kreativen Potenzials als einer der dynamischsten und pulsierenden Städte weltweit wahrgenommen wird.

Das Land Berlin hat im Jahr 2014 seinen dritten Kreativwirtschaftsbericht vorgelegt. Er wurde im Auftrag des Senators für Wirtschaft, Arbeit und Frauen sowie für Wissenschaft, Forschung und Kultur erarbeitet. Der dritte Kreativwirtschaftsbericht fasst die Entwicklung der Branche in Zahlen zusammen und gibt die Meinungen der Experten aus den verschiedenen Branchen der Kreativwirtschaft wieder. Knapp 28.000 Unternehmen der Kulturwirtschaft erwirtschaften 2012 einen Umsatz von 16.6 Mio. Euro und erreichen damit einen Anteil von 10% an der Wirtschaftsleistung Berlins (Dritter Kreativwirtschaftsbericht 2014: 7).

Zudem erwirtschaftete die Kreativwirtschaft in Berlin in 2012 über 3,6 Mrd. Euro mehr als in 2009, sodass die Umsätze um 28 % wuchsen. Hervorzuheben ist hierbei die Designwirtschaft, die ihren Umsatz in diesen drei Jahren um 100% erweitert hat (siehe Anhang 7.1). Somit lässt sich auswerten, dass jedes fünfte Unternehmen in Berlin ein Unternehmen der Kreativwirtschaft ist.

Außerdem bietet die Kreativwirtschaft in Berlin mit ihren knapp 186.000 Erwerbstätigen ein breites Spektrum im Arbeitsmarkt (siehe Anhang 7.2). Nach dem Kreativwirtschaftsbericht (2014: 7) arbeiteten im Jahre 2013 78.000 Freiberufler und Selbständige in der Hauptstadt, während rund 98.500 sozialversicherungspflichtig waren. Da die Zahl der Selbstständigen und Freiberufler in Berlin so hoch ist, herrschen in dem wissensbasierten Sektor unsichere Arbeitsverhältnisse. Nur 5% der Erwerbstätigen waren als geringfügige Beschäftigte tätig, welche eine Anzahl von 9.400 Personen ausmachten.

4.2 <u>Buch- und Pressemarkt</u>

Im Folgenden wird die Entwicklung in den ausgewählten Teilmärkten der Kreativwirtschaft Berlins skizziert. Dieses Kapitel wird sich mit der Entwicklung des Buch- und Pressemarkts in Berlin beschäftigen.

Der Buch- und Pressemarkt umfasst das Verlagswesen, die Schriftsteller und Journalisten, die Übersetzer und Dolmetscher, die Korrespondenz- und Nachrichtenbüros, das Druckgewerbe, die Bibliotheken und Archive sowie den Einzelhandel mit Büchern, Zeitschriften und Zeitungen (Kulturwirtschaft 2008: 28).

Berlin ist Deutschlands Hauptstadt der Autoren. Der Zuzug junger Autoren ist seit dem Fall der Mauer gewachsen. Da die Bücher als Kultur- und Wirtschaftsgut angesehen werden, prägen die Autoren und Autorinnen den intellektuellen Diskurs, sodass die literarischen Institutionen das Zentrum der geistigen Auseinandersetzung bilden (Dritter Kreativwirtschaftsbericht 2014: 43).

Die Gesamtzahl der Unternehmen des Buchmarkts in Berlin stieg von 2009 bis 2012 um 20 % auf rund 1.800 Unternehmen an (siehe Anhang 7.3). Insbesondere selbständige Schriftsteller und Übersetzer gründeten neue Unternehmen. Im Pressemarkt hingegen waren rund 1.900 Unternehmen ansässig in Berlin. Jedoch stieg die Zahl der Unternehmen im Pressemarkt von 2009 bis 2012 nur um 3 % auf (siehe Anhang 7.4). Insgesamt hatten im Jahre 2012 rund 10 % der Unternehmen des Buch- und Pressemarktes in Deutschland ihren Sitz in Berlin.

Der Buch- und Pressemarkt war in den letzten Jahren der Teilmarkt mit den größten Wachstumsraten. Die Tabelle (siehe Anhang 7.2) zeigt, dass der Buch- und Pressemarkt in Berlin im Jahre 2012 rund 4 Mrd. Euro erwirtschaftet hat und somit mehr Umsätze erzielt hat als die anderen Branchen.

Des Weiteren ist zu betonen, dass Berlin aufgrund der hohen Dichte an Literaturagenturen wichtigster Standort für Schriftsteller und Journalisten ist und eine entscheidende Rolle in der Nachwuchsarbeit Deutschlands spielt. Zudem unterschützt das Land die Unternehmen aus dem Bereich Buch- und Pressemarkt jährlich mit 7 - 13 Mio. Euro aus dem Programm „Gemeinschaftsaufgabe zur Verbesserung der regionalen Wirtschaftsstruktur" (Fossati et al. 2008: 36).

In Berlin sind wichtige Wissenschaftsverlage beheimatet wie *Axel Springer AG* oder der *Berliner Traditionsverlag de Gruyter*, die auch international einen hohen Stellenwert haben. Zusätzlich bietet die Staatsbibliothek in Berlin eine breites Angebot an publizierenden Informationen und gilt als die größte öffentliche Bibliothek in Deutschland (Dritter Kreativwirtschaftsbericht 2014: 44).

4.2   Musikwirtschaft

Im folgenden Kapitel wird die Entwicklung der Musikwirtschaft in Berlin dargestellt. Die Musikwirtschaft umfasst die Musiklabels und Musikverlage, die Herstellung von Musikinstrumenten, die selbständigen Komponisten und Musikbearbeiter, die Konzertveranstalter, die Tonstudios, die Konzerthallen und Diskotheken (Kulturwirtschaft 2008: 57).

Die Musikwirtschaft in Berlin ist durch unterschiedliche Musikrichtungen geprägt und bestens ausgestattet. In der Hauptstadt sind 155 Musikschulen zu verzeichnen, die über 540.000 Schüler unterrichten. In Berlin sind wichtige Musikunternehmen wie *Universal Music Deutschland* und die *Deutschen Entertainment Aktiengesellschaft (DEAG)* ansässig. Der Marktführer *Universal Music Deutschland* verzeichnete 2012 einen Umsatz von 311 Mio. Euro (Dritter Kreativwirtschaftsbericht 2014: 28).

Berlin hat sich in den letzten Jahren im Bereich der Musikwirtschaft etabliert, sodass ein vermehrter Zuzug von Vertretern der Musikindustrie zu verzeichnen ist. Die Gesamtzahl der Unternehmen der Musikwirtschaft in Berlin stieg von 2009 bis 2012 um 9 % auf rund 1.300 Unternehmen an. Zudem stieg die Anzahl der Erwerbstätigen im Jahre 2013 um über 8 % an, während sich die Umsätze im Zeitraum von 2009 bis 2012 verdoppelten. Insgesamt konnte die Musikwirtschaft im Jahre 2012 einen Umsatz von mehr als 1 Mrd. Euro erwirtschaften (siehe Anhang 7.5).

Des Weiteren fördert Berlin die Musikwirtschaft jährlich mit 770.000 Euro bis 2,9 Mio. Euro aus dem Programm „Gemeinschaftsaufgabe zur Verbesserung der regionalen Wirtschaftsstruktur" (Fossati et al. 2008: 40).

Ferner hat sich das Musikgeschäft durch die Digitalisierung zunehmend verändert. Das Internet spielt eine wesentliche Rolle und wird von fast allen Unternehmen genutzt. Auf ihren Websites stehen Klingeltöne, Videos und Logos zur Verfügung, die von Nutzern runtergeladen werden können. Der Umsatz aus den Downloads macht bei den kleinen Musiklabels inzwischen fast ein Viertel des Umsatzes mit Musikprodukten aus (Kulturwirtschaft 2008: 61).

5. Fazit: Berlin als Standbein der Berliner Wirtschaft?

Die Kreativwirtschaft in Berlin rückt zunehmend in das Interesse der Wirtschaftspolitik.

Es kann festgehalten werden, dass der Standort Berlin ein sehr attraktives und weiter wachsendes Zentrum der Kultur- und Kreativwirtschaft ist. Dieses lässt sich aus der wachsenden Beschäftigungszahl und den wachsenden Umsätzen ermitteln (Kulturindex 2013: 47). Insbesondere in den Teilmärkten Buch- und Pressemarkt und Musikwirtschaft können positive Zahlen verzeichnet werden. Zudem verfügt Berlin über ein hohes kreatives Potential und eine inspirierende Atmosphäre, wodurch eine Ansiedlung der Kreativwirtschaft in dieser Stadt besonders gut geeignet ist. Berlin hat sich zu einer kulturell vielfältigen Metropole entwickelt, die Kreative und junge Talente aus aller Welt anzieht (Dritter Kreativwirtschaftsbericht 2012: 3).

Des Weiteren wurde Berlin im Jahre 2006 von der UNESCO die Auszeichnung als „City of Design" verliehen. Die Kreativwirtschaft wird als erfolgreicher Wirtschaftsfaktor des Landes wahrgenommen. Jedoch ist die Zahl der Selbstständigen in der Kreativwirtschaft sehr hoch, was dazu führt, dass in dem wissensintensiven Sektor unsichere Arbeitsverhältnisse und niedrige Einkommen herrschen. Daher funktioniert die Kreativwirtschaft anders als andere

Wirtschaftszweige, da sie vielfältiger, kreativer und nicht für die Massenproduktion ausgerichtet ist (Fossati et al. 2008: 50).

Zusammenfassend lässt sich auswerten, dass die Kreativwirtschaft als Standbein der Berliner Wirtschaft angesehen werden kann und in der Zukunft eine wesentliche Rolle spielen wird.

6. Quellenverzeichnis

Coy, P. (2000): The Creative Economy: Which companies will thrive in the coming years? Business Week, August 28, http://www.bloomberg.com/bw/stories/2000-08-27/the-creative-economy [10.09.2015]

Florida, R.; Tinagli, I. (2006): Technologie, Talente, Toleranz. Europa im kreativen Zeitalter. In: perspektive 21.

Fossati, S.; Raduly, M.; Selmer, W.; Theilig, A.; Wünsche, A. (2008): Kreativwirtschaft Berlin - ein Kommunikationsprojekt für die Berliner Wirtschaftsgespräche e. V. Berlin.

Geppert, K.; Mundelius, M. (2007): Berlin als Standort der Kreativwirtschaft immer bedeutender. Berlin. DIW Wochenbericht Vol 74, Nr. 31. Berlin.

Holm-Hadulla, R. (2005): Kreativität, Konzept und Lebensstil. Göttingen.

Kröhnert, S.; Morgenstern, A.; Klingholz, R. (2007): Talente, Technologie und Toleranz - wo Deutschland Zukunft hat. Berlin.

Kultur- und Kreativwirtschaftsindex Berlin-Brandenburg (2013): Wirtschaftliche Stimmung und Standortbewertung, Eine empirische Untersuchung im Auftrag von: IHK Berlin, IHK Potsdam.

Lange, B. (2007): Die Räume der Kreativszenen: Culturepreneurs und ihre Orte in Berlin. Bielefeld.

Manske, A.; Merkel, J. (2008): Kreative in Berlin: Eine Untersuchung zum Thema GeisteswissenschaftlerInnen in der Kultur- und Kreativwirtschaft, WZB Discussion Paper, No. SP III 2008-401.

Mundelius, M. (2006): Die Bedeutung der Kulturwirtschaft für den Wirtschaftsstandort Pankow. DIW Berlin: Politikberatung kompakt 21. Berlin.

Senatsverwaltung für Wirtschaft, Technologie und Frauen; Der Regierende Bürgermeister von Berlin, Senatskanzlei - Kulturelle Angelegenheiten; Senatsverwaltung für Stadtentwicklung (2014): Dritter Kreativwirtschaftsbericht Entwicklungen und Potenziale. Berlin.

Senatsverwaltung für Wirtschaft, Technologie und Frauen (SenWTF); Der Regierende Bürgermeister
von Berlin, Senatskanzlei - Kulturelle Angelegenheiten; Senatsverwaltung für Stadtentwicklung (2008): Kulturwirtschaft in Berlin. Entwicklungen und Potenziale. Berlin.

Söndermann, M.; Backes, C.; Arndt, O.; Brünnink, D. (2009): Kultur- und Kreativwirtschaft: Ermittlung der gemeinsamen charakteristischen Definitionselemente der heterogenen Teilbereiche der „Kulturwirtschaft" zur Bestimmung ihrer Perspektiven aus volkswirtschaftlicher Sicht. Forschungsgutachten im Auftrag des Bundesministeriums für Wirtschaft und Technologie. Berlin.

Zierold, S. (2012): Stadtentwicklung durch geplante Kreativität? Kreativwirtschaftliche Entwicklung in ostdeutschen Stadtquartieren. Hrsg. vom Institut für Hochschulforschung (HoF) an der Martin-Luther-Universität. Halle-Wittenberg.

Zimmermann, O.; Schulz, G. (2009): Zukunft Kulturwirtschaft. Zwischen Künstlertum und Kreativwirtschaft. Essen.

7. <u>Anhang</u>

7.1 Tab.1: Entwicklung der Umsätze 2009 bis 2012 (in %):

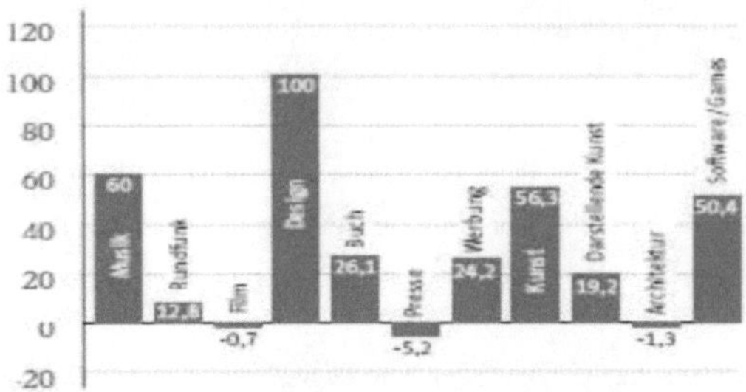

Quelle: (Dritter Kreativwirtschaftsbericht 2014: 5)

7.2 Tab.2: Umsätze für die einzelnen Teilmärkte der Kreativwirtschaft in Berlin

Kreativ-wirtschaft	Unter-nehmen 2012	Umsätze in T€ / 2012	Erwerbs-tätige 2013	davon SV-Pflichtige 2013	davon geringfügig Beschäftigte 2013
Musikwirtschaft	1.200	1.021.020	12.740	4.238	473
Buchmarkt	1.758	821.300	8.681	5.873	405
Pressemarkt	1.894	2.952.800	11.370	8.003	618
Designwirtschaft	5.142	2.233.038	10.802	9.340	1.271
Filmwirtschaft	1.897	802.985	10.031	4.450	1.014
Rundfunkwirtschaft	1.079	1.807.180	20.024	0.005	393
Software / Games	3.957	2.005.025	47.087	30.737	1.409
Werbemarkt	1.540	939.238	13.100	0.151	900
Kunstmarkt	2.583	097.500	0.007	4.819	700
Markt für Darstellende Künste	1.005	504.500	13.248	3.859	577
Architektenmarkt	2.080	452.703	8.939	4.905	421
Sonstige Branchen	2.120	1.051.485	10.785	9.410	1.055
Kreativwirt-schaft gesamt	28.187	16.610.178	186.020	98.456	9.368

Quelle: Amt für Statistik Berlin-Brandenburg sowic Bundcsagentur für Arbeit, Auswertung IW Consult GmbH, Darstellung SenWTF

7.3 Tab.3: Anzahl der Unternehmen, Umsätze in T, Anzahl der Erwerbstätige für den Buchmarkt

Buchmarkt	Unternehmen Anzahl / 2012	Umsätze in T€ / 2012	Erwerbstätige Anzahl / 2013
Selbständige Schriftsteller und Übersetzer	1.236	106.530	1.696
Verlegen von Büchern	195	521.046	4.278
Binden von Druckerzeugnissen und damit verbundene Dienstleistungen (50 %)[1]	27	16.801	189
Einzelhandel mit Büchern und Antiquariate	289	174.254	1.632
Bibliotheken und Archive	11	2.669	886
Summe	1.758	821.300	8.681
Veränderung Teilmarkt 2009 bis 2012 / 2013	20,1 %	26,1 %	-3,0 %
Anteil Teilmarkt an Bund	10,7 %	6,0 %	8,3 %

Quelle: Amt für Statistik Berlin-Brandenburg sowie Bundesagentur für Arbeit, Auswertung IW Consult GmbH, Darstellung SenWTF

7.4 Tab.4: Anzahl der Unternehmen, Umsätze in T, Anzahl der Erwerbstätige für den Pressemarkt

Pressemarkt	Unternehmen Anzahl / 2012	Umsätze in T € / 2012	Erwerbstätige Anzahl / 2013
Selbständige Journalisten und Pressefotografen (50 %)[1]	1.202	71.996	516
Korrespondenz- und Nachrichtenbüros	75	28.627	1.765
Verlegen von Zeitungen, Zeitschiften, sonstiges Verlagsgewerbe	297	2.746.665	7.864
Binden von Druckerzeugnissen und damit verbundene Dienstleistungen (50 %)[2]	27	16.801	189
Einzelhandel mit Zeitschriften und Zeitungen	293	88.338	1.006
Summe	1.894	2.952.866	11.370
Veränderung Teilmarkt 2009 bis 2011 / 2012	3,0 %	-5,2 %	2,6 %
Anteil Teilmarkt an Bund	10,1 %	10,1 %	4,7 %

Quelle: Amt für Statistik Berlin-Brandenburg sowie Bundesagentur für Arbeit, Auswertung IW Consult GmbH, Darstellung SenWTF

7.5 Tab.5: Anzahl der Unternehmen, Umsätze in T, Anzahl der Erwerbstätige für die Musikwirtschaft

Musikwirtschaft	Unternehmen Anzahl / 2012	Umsätze in T € / 2012	Erwerbstätige Anzahl / 2013
Vervielfältigung von bespielten Ton-, Bild- und Datenträgern[1]	30	44.128	150
Herstellung und Einzelhandel mit Musikinstrumenten	134	83.679	356
Einzelhandel mit bespielten Ton- und Bildträgern	18	6.869	70
Tonstudios; Herstellung von Hörfunkbeiträgen; Verlegen von bespielten Tonträgern und Musikalien	315	453.565	2.160
Ensembles und Künstler/innen[2]	430	85.700	1.939
Veranstalter und Bühnen[3]	339	347.685	8.065
Summe	1.266	1.021.626	12.740
Veränderung Teilmarkt 2009 bis 2012 / 2013	9,1 %	60,0 %	8,2 %
Anteil Teilmarkt an Bund	10,5 %	13,6 %	10,6 %

Quelle: Amt für Statistik Berlin-Brandenburg sowie Bundesagentur für Arbeit, Auswertung IW Consult GmbH, Darstellung SenWTF